ATLAS

DES

PLANTES DE JARDINS

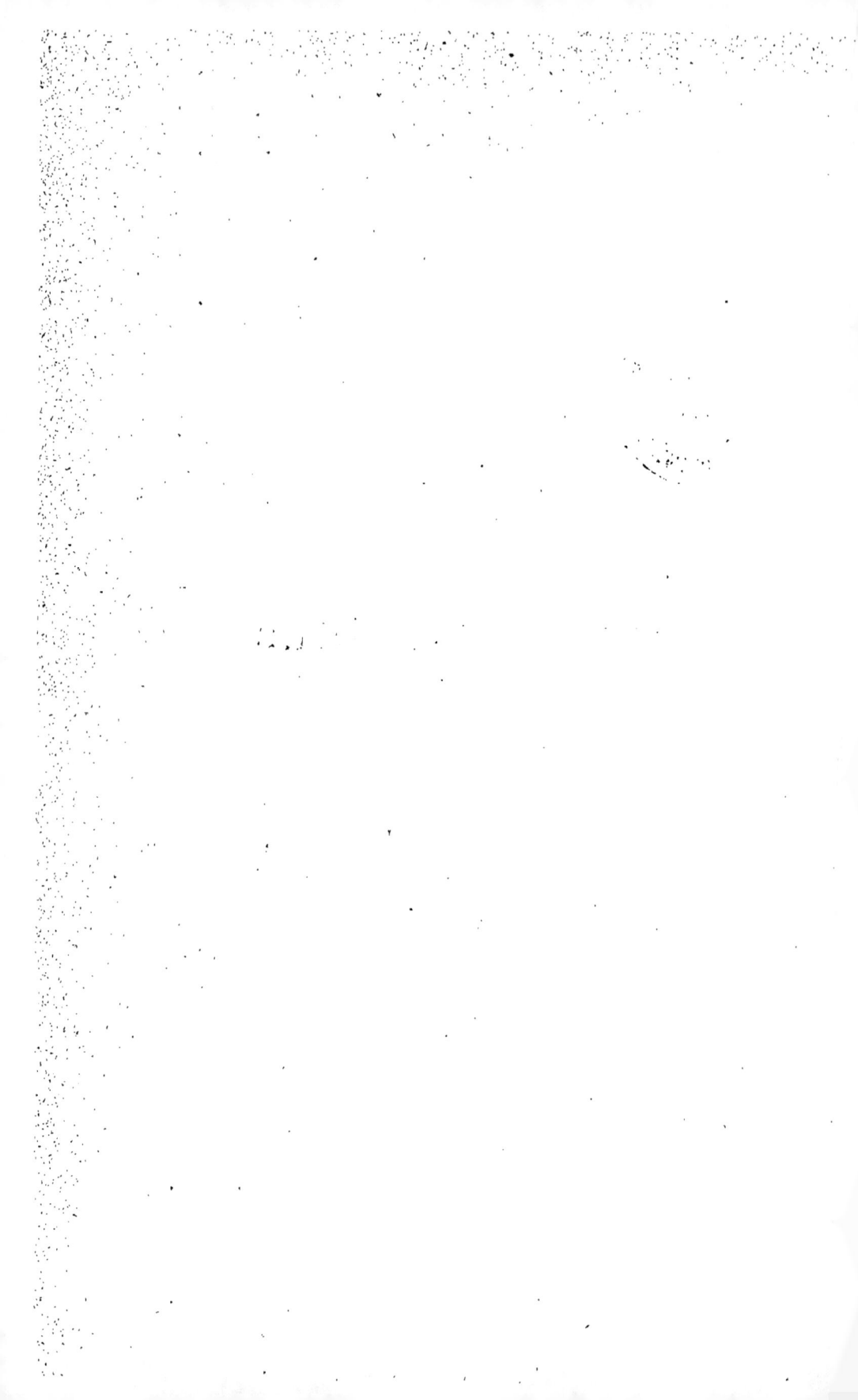

ATLAS

DES

PLANTES DE JARDINS

ET D'APPARTEMENTS

Exotiques et Européennes

320 PLANCHES COLORIÉES INÉDITES, DESSINÉES D'APRÈS NATURE

REPRÉSENTANT 370 PLANTES

ACCOMPAGNÉES D'UN TEXTE EXPLICATIF

DONNANT LA DESCRIPTION, L'ORIGINE, LE MODE DE CULTURE, DE MULTIPLICATION

ET LES USAGES DES FLEURS LES PLUS GÉNÉRALEMENT CULTIVÉES

. PAR

D. BOIS

Assistant de la Chaire de Culture au Muséum d'Histoire naturelle de Paris,
Secrétaire-Rédacteur de la Société Nationale d'Horticulture de France.

PLANCHES 1 à 160

PARIS

LIBRAIRIE DES SCIENCES NATURELLES

PAUL KLINCKSIECK, ÉDITEUR

52, rue des Écoles (en face de la Sorbonne)

—

1896

LISTE DES PLANCHES 1 à 160

CONTENUES DANS CE VOLUME

Planches.

39. *Œillet de Chine.* — Dianthus sinensis L.
40. *Œillet mignardise.* — Dianthus plumarius L.
41. *Silène à bouquets.* — Silene Armeria L.
42. *Silène pendante.* — Silene pendula L.
43. Lychnis fulgens Fisch., var.
44. *Coquelourde.* — Lychnis coronaria Lamk.

Portulacées.

45. *Pourpier à grandes fleurs.* — Portulaca grandiflora Lindl.
46. *Calandrinie à fleurs en ombelle.* — Calandrinia umbellata DC.

Hypéricinées.

47. *Millepertuis à grande fleur.* — Hypericum calycinum L.

Ternstrœmiacées.

48. *Camellia.* — Camellia japonica L.

Malvacées.

49. A. *Mauve fleurie.* — Lavatera trimestris L.
   B. *Malope à grande fleur.* — Malope trifida Cav., var. grandiflora.
50. *Ketmie rose.* — Hibiscus roseus Thore.
51. *Hibiscus rose de Chine.* — Hibiscus Rosa-sinensis L.
52. *Abutilon hybride.* — Abutilon venoso x striatum Hort.
53. *Rose trémière.* — Althæa rosea L.

Linées.

54. *Lin à fleurs rouges.* — Linum grandiflorum Desf.

Géraniacées.

55. *Géranium à larges pétales.* — Geranium platypetalum Fisch. et Mey.
56. *Pélargonium à corbeilles.* — Pelargonium zonale Willd.
57. *Géranium à feuilles de Lierre.* — Pelargonium lateripes L'Hérit.
   — La planche porte par erreur le numéro 67. —
58. *Géranium puant.* — Pelargonium graveolens L'Hérit.
59. *Pélargonium à grandes fleurs.* — Pelargonium grandiflorum Willd.
60. *Capucine.* — Tropæolum majus L.
61. *Capucine des Canaries.* — Tropæolum peregrinum Jacq.
62. *Oxalide à fleurs nombreuses.* — Oxalis floribunda Link et Otto.

Balsaminées.

63. *Balsamine de Royle.* — Impatiens Roylei Walp.

Rutacées.

64. *Fraxinelle.* — Dictamnus albus L.

Rutacées Aurantiées.

65. *Oranger.* — Citrus Aurantium L.

Rhamnées.

66. *Philica Fausse-Bruyère.* — Phylica ericoides L.

Légumineuses.

67. *Podalyre de la Caroline.* — Baptisia australis R. Br.
68. *Genêt élégant.* — Genista canariensis L., var. elegans.
69. *Galéga.* — Galega officinalis L.
70. *Glycine.* — Wistaria sinensis DC.
71. *Sainfoin d'Espagne.* — Hedysarum coronarium L.
72. *Pois de senteur.* — Lathyrus odoratus L.
73. *Erythrine Crête de Coq.* — Erythrina Crista galli L.
74. *Sensitive.* — Mimosa pudica L.

Rosacées.

75. *Filipendule.* — Spiraea Filipendula L.
76. *Rosier rugueux.* — Rosa rugosa Thunb.
77. *Rose Gloire de Dijon.* — Rosa indica Lindl., var.

Planches.
78. *Rose safrano.* — Rosa indica Lindl., var.
79. *Rose La France.* — (Hybride de Thé.)
80. *Rose Souvenir de la Malmaison.* — Rosa indica Lindl.
81. *Rose Pompon de Bourgogne.* — Rosa gallica L., var. centifolia.
82. *Rosier multiflore.* — Rosa multiflora Thunb.
83. *Rose Bengale cramoisi supérieur.* — Rosa semperflorens Curtis.
84. *Rose capucine.* — Rosa lutea Miller, var. puñicea.
85. *Rose William Allen Richardson.* — (Rose de Noisette.)
86. *Rose mousseuse commune.* — Rosa gallica L., var. centifolia muscosa.
87. *Rose Baronne de Rothschild.* — (Hybride remontant.)
88. *Rose Général Jacqueminot.* — (Hybride remontant.)
89. *Potentille des jardins.* — Potentilla atrosanguinea Lodd.
90. *Benoîte écarlate.* — Geum chiloense Balb.

Saxifragées.

91. *Saxifrage de la Chine.* — Saxifraga sarmentosa L.
92. A. *Désespoir des peintres.* — Saxifraga umbrosa L.
    B. *Saxifrage de Huet.* — Saxifraga Huettii Boiss.
93. *Saxifrage de Sibérie.* — Saxifraga crassifolia L.
94. *Hortensia.* — Hydrangea Hortensia Sieb.
95. *Deutzia grêle.* — Deutzia gracilis Sieb. et Zucc.
    — La planche porte par erreur le numéro 93. —
96. *Hotéia.* — Hoteia japonica Dene.

Crassulacées.

97. *Crassule écarlate.* — Rochea coccinea DC.
98. *Rochéa.* — Crassula falcata Willd.
99. *Echévérie à feuilles rétuses.* — Echeveria retusa Lindl.
100. *Echeveria secunda* Lindl., var. glauca.
101. *Orpin brillant.* — Sedum fabarium Ch. Lem.
102. A. *Orpin de Siebold.* — Sedum Sieboldii Sweet.
     B. *Orpin sarmenteux.* — Sedum sarmentosum Bunge.
103. *Joubarbe toile d'araignée.* — Sempervivum arachnoideum L.

Myrtacées.

104. *Myrte.* — Myrtus communis L.

Granatées.

105. *Grenadier.* — Punica Granatum L.

Lythrariées.

106. *Cuphéa à large éperon.* — Cuphea platycentra Benth.

Onagrariées.

107. *Clarkie gentille.* — Clarkia pulchella Pursh.
108. A. *Enothère élégante.* — Œnothera speciosa Nutt.
     B. *Enothère à gros fruit.* — Œnothera macrocarpa Pursh.
109. *Godétie Lady Albemarle.* — Œnothera (Godetia) amœna Lehm., var.
110. A. *Fuchsia à fleurs globuleuses.* — Fuchsia globosa Lindl.
     B. *Fuchsia grêle.* — Fuchsia gracilis Lindl.
111. *Fuchsia éclatant.* — Fuchsia fulgens Moç. et Sessé.
112. *Gaura de Lindheimer.* — Gaura Lindheimeri Engelm. et Gray.

Loasées.

113. *Loasa à fleurs rouge brique.* — Loasa lateritia Gill. et Hook.
114. *Mentzélie de Lindley.* — Mentzelia Lindleyi Torr. et Gr.

Passiflorées.

115. *Fleur de la Passion.* — Passiflora cœrulea L.

Bégoniacées.

116. *Bégonia Roi.* — Begonia Rex J. Ptz.
117. *Bégonia à fleurs de Fuchsia.* — Begonia fuchsioides Hook.
118. *Bégonia toujours en fleurs,* variété. — Begonia semperflorens Link. et Otto, var.
119. *Bégonia tuberculeux.*

```

## Cactées.

Planches.

120. A. *Mamillaire petite.* — Mamillaria pusilla Sweet.
B. *Mamillaire à fleurs roses.* — Mamillaria rhodantha Link et Otto.
121. *Cierge flagelliforme.* — Cereus flagelliformis Haw.
122. *Phyllocacte phyllanthoïde,* variété. — Phyllocactus phyllanthoides DC., var.
123. *Epiphyllum à feuilles tronquées,* variété. — Epiphyllum truncatum Pfeiff., var.
124. *Raquette.* — Opuntia vulgaris Mill.

## Mésembryanthémées.

125. A. *Ficoïde violette.* — Mesembryanthemum violaceum DC.
B. *Ficoïde hérissée de petites pointes.* — M. echinatum Lamk.
C. *Ficoïde à feuilles en forme de nacelle.* — M. cymbifolium Haw.

## Araliacées.

126. *Aralia du Japon.* — Fatsia japonica Dene. et Planch.

## Rubiacées.

127. *Bouvardia à longues fleurs.* — Bouvardia longiflora H. B. K.
128. A. *Aspérule à fleurs bleues.* — Asperula orientalis Boiss. et Hoh.
B. *Croisette à long style.* — Phuopsis (Crucianella) stylosa Boiss.

## Valérianées.

129. *Valériane à grosses tiges.* — Centranthus macrosiphon Boiss.

## Dipsacées.

130. *Scabieuse vivace.* — Scabiosa caucasia M. Bieb.

## Composées.

131. *Agérate bleu.* — Ageratum coeruleum Desf.
132. *Verge d'or du Canada.* — Solidago canadensis L.
133. *Brachycomé à feuilles d'Ibéris.* — Brachycome iberidifolia Benth.
134. A. *Aster Œil du Christ.* — Aster Amellus L.
B. *Aster de la Nouvelle-Angleterre.* — Aster novæ-angliæ L.
C. Aster novæ angliæ L., var. roseus.
135. A. *Aster versicolore.* — Aster versicolor Willd.
B. *Aster très beau.* — Aster formosissimus Hort.
136. A. *Aster multiflore.* — Aster multiflorus Ait.
B. *Aster turbinellé.* — Aster turbinellus Lindl.
137. *Reine Marguerite.* — Callistephus sinensis Nees.
138. *Pâquerette.* — Bellis perennis L.
139. *Erigeron élégant.* — Erigeron speciosum DC.
140. *Rhodanthe de Mangles.* — Rhodanthe Manglesii Lindl.
141. *Immortelle rose.* — Acroclinum roseum Hook.
142. *Immortelle à bractées.* — Helichrysum bracteatum Willd.
143. *Zinnia élégant.* — Zinnia elegans Jacq.
144. *Soleil à feuilles argentées.* — Helianthus argophyllus A. Gray.
145. *Coréopsis élégant.* — Coreopsis tinctoria Nutt.
146. *Dahlia.* — Dahlia variabilis Desf.
147. *Cosmos bipinné.* — Cosmos bipinnatus Cav.
148. A. *Œillet d'Inde.* — Tagetes patula L.
B. *Tagète mouchetée.* — Tagetes signata Bartl.
149. *Rose d'Inde.* — Tagetes erecta L.
150. *Gaillarde peinte.* — Gaillardia picta Sweet.
151. *Chrysanthème tricolore.* — Chrysanthemum carinatum Schousb.
152. *Chrysanthème frutescent.* — Chrysanthemum frutescens L.
A. Var. *Comtesse de Chambord.*
B. Var. *Etoile d'or.*
153. *Pyrèthre rose.* — Pyrethrum carneum Bieb.
154. *Chrysanthème d'automne.* — Pyrethrum sinense Sab., var.
155. *Chrysanthème d'automne.* — Pyrethrum sinense Sab., var.
156. *Chrysanthème d'automne.* — Pyrethrum indicum Cass.
157. *Doronic du Caucase.* — Doronicum caucasicum Bieb.
158. *Cinéraire.* — Senecio cruentus DC.
159. *Cacalie écarlate.* — Emilia sagittata DC.
160. *Souci.* — Calendula officinalis L.
```

Pl.1.

Clématite à grandes fleurs. Clematis patens Morr. et Dcne.

1 var. Aureliana. 2 var. Sophia flore pleno.

Famille des Renonculacées.

Pl. 2.

Colombine plumeuse. Thalictrum aquilegifolium L.

Famille des Renonculacées.

Pl.3. *Anémone des fleuristes.* Anemone coronaria L.

Famille des Renonculacées.

Pl. 4. Anemone hortensis L., var.

Famille des Renonculacées.

Pl. 5. Hépatique. Anemone Hepatica L.

Famille des Renonculacées.

Pl. 6. Renoncule des jardins. Ranunculus asiaticus L.

Famille des Renonculacées.

Bois, *Plantes de jardins.*

2

1

3

Pl. 7. *Souci d' eau.* Caltha palustris L.

Famille des Renonculacées.

Pl. 8. Nigelle d'Espagne. Nigella hispanica L.

Famille des Renonculacées.

Pl. 9. A. *Ancolie des jardins.* Aquilegia vulgaris L.
B. *Ancolie à fleurs jaunes.* Aquilegia chrysantha A.Gr.
C. *Ancolie belle.* Aquilegia formosa Fisch.

Famille des Renonculacées.

Pl. 10.
A. Pied. d'Alouette des jardins . Delphinium Ajacis L.
B.   „   „   à bouquets . .   „   orientale Gay.

Famille des Renonculacées.

Pl. 11. Pied d'Alouette vivace hybride.

Famille des Renonculacées.

Pl.12.

Aconit à fleurs panachées. Aconitum variegatum L.

Famille des Renonculacées.

Pl.13. Pivoine de Chine. Pæonia albiflora Pallas.

Famille des Renonculacées.

Pl.14. Pivoine en arbre. Pæonia Moutan L.

Famille des Renonculacées.

Pl. 15. Pivoine femelle. Pæonia officinalis Retz.

Famille des Renonculacées.

Pl. 16. *Pivoine Adonis*. Pæonia tenuifolia L.

Famille des Renonculacées.

Pl. 17. *Nénuphar rouge*. Nymphæa rubra Roxb.

Famille des Nymphéacées.

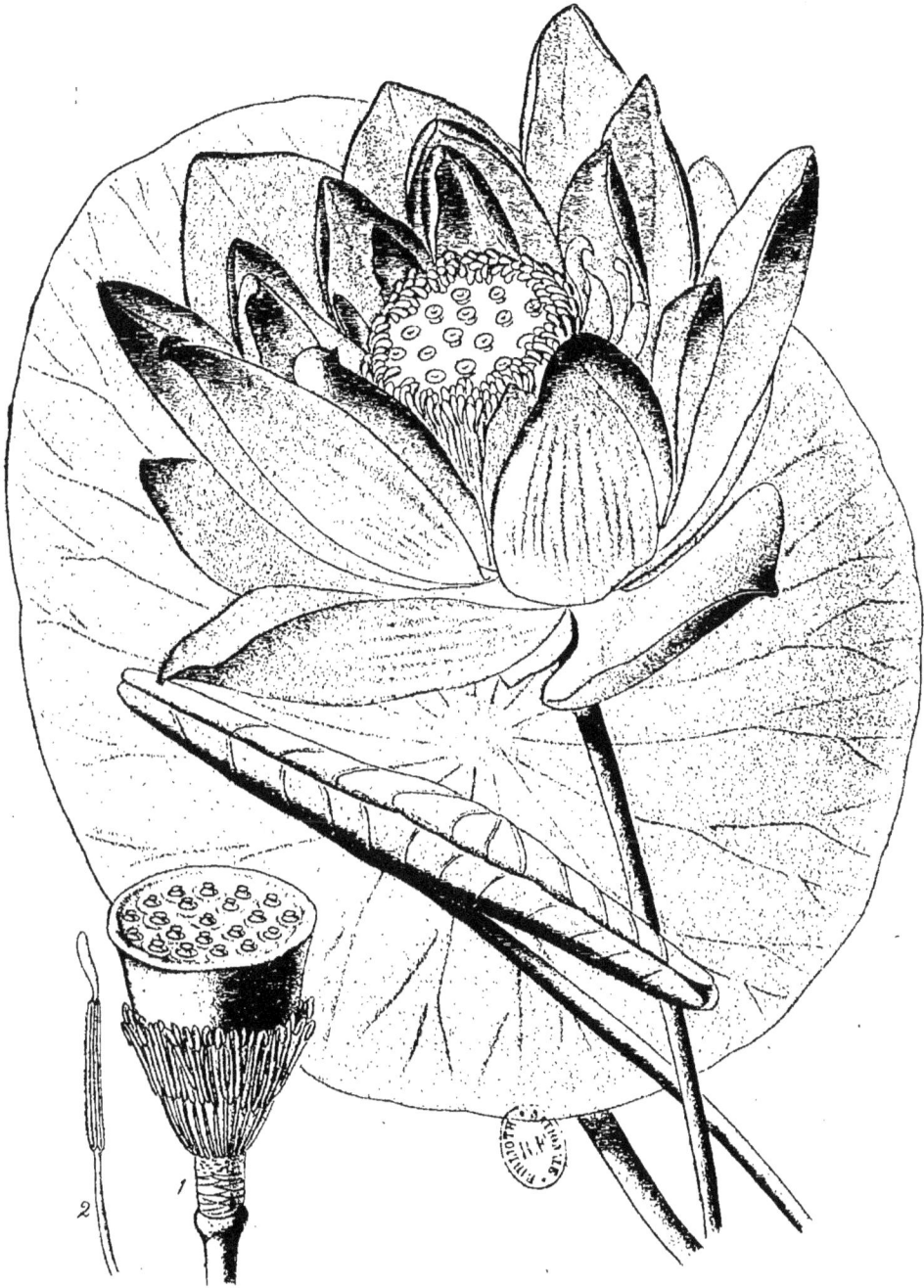

Famille des Nelombonées.

Pl. 19. Pavot à bractées. Papaver bracteatum Lindl.

Famille des Papavéracées.

Pl. 20. *Pavot des jardins*. Papaver somniferum L.

Famille des Papavéracées.

Pl. 21. Eschscholtzie de Californie.

Eschscholtzia californica Cham.

Famille des Papavéracées.

Pl. 22.

Argémone à grandes fleurs. Argemone grandiflora Sweet.

Famille des Papavéracées.

1

Pl. 23. Cœur de Jeannette. Dielytra spectabilis DC.

Famille des Fumariacées.

Pl. 24. Giroflée Quarantaine. Matthiola annua Sweet.

Famille des Crucifères.

Pl. 25. **Giroflée jaune.** **Cheiranthus Cheiri L.**

Famille des Crucifères.

Pl.26. *Aubriétie deltoïde.*   Aubrietia deltoidea DC.

Famille des Crucifères.

Pl.27. A. *Corbeille d'or.* Alyssum saxatile L.

B. *Alysse odorante.* Alyssum maritimum Lamk.

Famille des Crucifères.

Pl. 28. Monnoyère. Lunaria biennis Mœnch.

Famille des Crucifères.

Pl. 29. Giroflée de Mahon. Malcolmia maritima R. Br.

Famille des Crucifères.

Bois, *Plantes de jardins.*

2

1

Pl.30. *Julienne des Jardins.* Hesperis matronalis L.

Famille des Crucifères.

⌂ *Pl. 31. Thlaspi de Gibraltar.* Iberis gibraltarica L.

Famille des Crucifères.

Pl.32. A.Thlaspi lilas. Iberis umbellata L.
B. Thlaspi blanc. Iberis amara L.

Famille des Crucifères.

Pl. 33. Réséda. Reseda odorata L.

Famille des Résédacées.

Pl. 34. Violette de Parme. Viola odorata L. var. parmensis.

Famille des Violariées.

Pl. 35. Pensée. Viola tricolor L.,var. maxima.

Famille des Violariées.

Pl. 36. Œillet d'Amour. Gypsophila elegans M. Bieb.

Famille des Caryophyllées.

Pl. 37. *Œillet de poëte*. Dianthus barbatus L.

Famille des Caryophyllées.

Pl. 38. Œillet des fleuristes. Dianthus Caryophyllus L.

Famille des Caryophyllées.

Pl. 39. Œillet de Chine. Dianthus sinensis L.

Famille des Caryophyllées.

Pl. 40. Œillet Mignardise. Dianthus plumarius L.
Famille des Caryophyllées.

Pl. 41. Silène à bouquets. Silene Armeria L.

Famille des Caryophyllées.

Pl. 42. Silène pendante. Silene pendula L.

Famille des Caryophyllées.

Pl. 43 Lychnis fulgens Fisch.,var.

Famille des Caryophyllées.

Pl. 44. Coquelourde. Lychnis coronaria Lamk.

Famille des Caryophyllées.

Pl. 45.

Pourpier à grandes fleurs Portulaca grandiflora Lindl.

Famille des Portulacées.

Pl.46. Calandrinia umbellata DC.

Famille des Portulacées.

Pl. 47. Hypericum calycinum L.

Famille des Hypéricinées.

⌂ *Pl. 48. Camellia.*　　Camellia japonica L.

Famille des Ternstroemiacées.

Pl.49.

A. *Mauve fleurie.* Lavatera trimestris L.

B. *Malope à grande fleur.* Malope trifîda Cav.,
var. grandiflora.

Famille des Malvacées.

1

Pl. 50. Ketmie militaire. Hibiscus militaris Cav.

Famille des Malvacées.

⌂ *Pl. 51.*

Hibiscus Rose de Chine. Hibiscus rosa-sinensis L.

Famille des Malvacées.

1

⌂ *Pl.52. Abutilon hybride.* Abutilon venoso × striatum Hort.
Hybride des A. venosum Paxt. et striatum Dicks.
Famille des Malvacées.

Pl. 53. Rose Trémière. Althæa rosea L.

Famille des Malvacées.

Pl. 54. Lin à fleurs rouges. Linum grandiflorum Desf.

Famille des Linées.

Pl. 55. Géranium à larges pétales.
Geranium platypetalum. Fisch. et Mey.
Famille des Géraniacées.

△ *Pl. 56. Pélargonium à corbeilles.*
Pelargonium zonale Willd. (1). et hybrides (2 et 3).

Famille des Géraniacées.

⌂ Pl. 67.　　　　　Géranium à feuilles de Lierre.

Pelargonium lateripes L'Hérit.

Famille des *Géraniacées.*

△ *Pl. 58.*

Géranium puant. Pelargonium graveolens L'Hérit.

Famille des Geraniacées.

Pl. 59. *Pélargonium à grandes fleurs*.
Pelargonium grandiflorum Willd.
Famille des Géraniacées.

Pl. 60. Capucine. Tropæolum majus L.

Famille des Géraniacées.

Bois, Plantes de jardins.

Pl. 61.

Capucine des Canaries. Tropæolum peregrinum Jacq.

Famille des Géraniacées.

⌂ *Pl. 62.* Oxalis floribunda Link. et Otto.

Famille des Géraniacées.

Pl.63. Impatiens Roylei Walp.

Famille des Balsaminées.

Pl. 64. Fraxinelle. Dictamnus albus L.

Famille des Rutacées.

△ *Pl. 65. Oranger.* Citrus Aurantium L.

Famille des Rutacées Aurantiées.

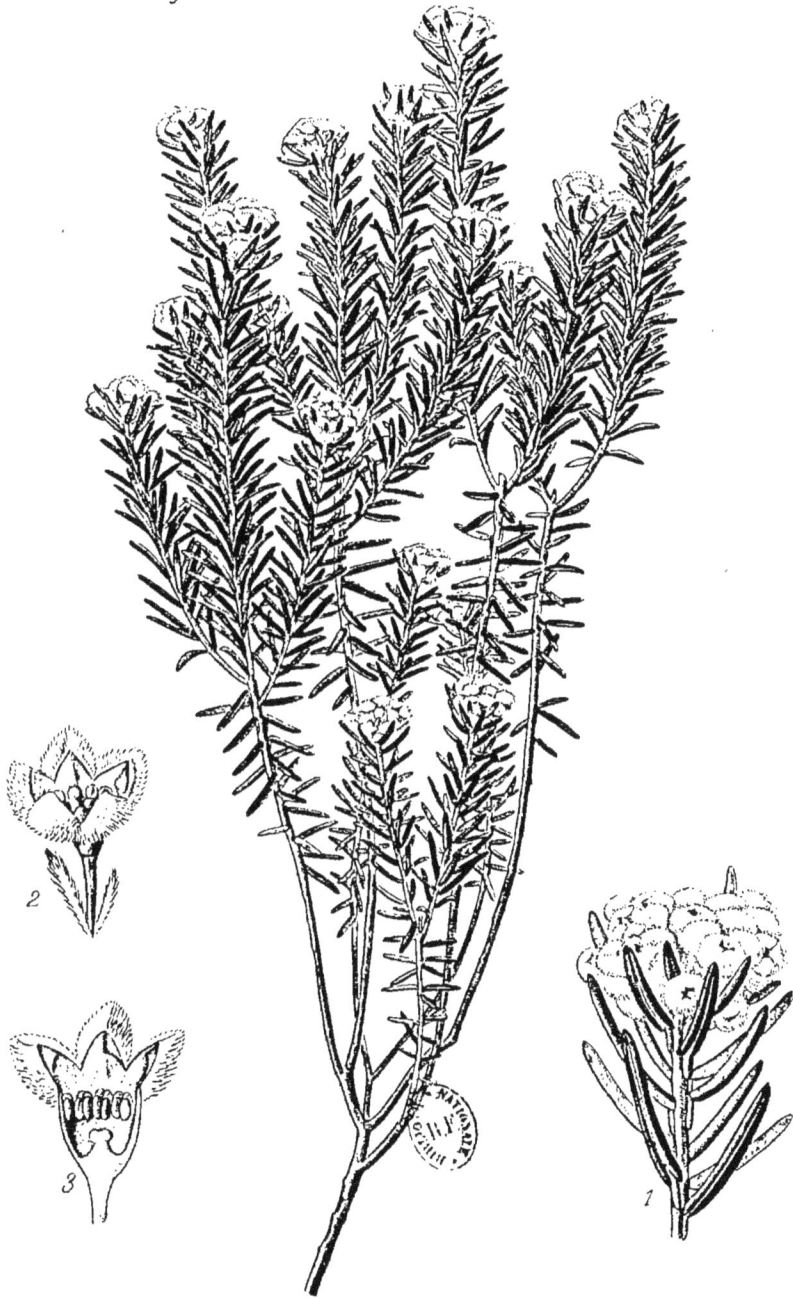

Pl. 66. *Phylica Fausse-Bruyère*. Phylica ericoides L.

Famille des Rhamnées.

1

Pl. 67. Baptisia australis R. Br.

Famille des Légumineuses.

⌂ *Pl. 68. Genet élégant.* Genista canariensis L. var. elegans.

Famille des Légumineuses.

Pl. 69. Galéga. Galega officinalis L.

Famille des Légumineuses.

Pl. 70. Glycine. Wistaria sinensis DC.

Famille des Légumineuses.

Pl. 71. Sainfoin d'Espagne. Hedysarum coronarium L.

Famille des Légumineuses.

Pl. 72. Pois de senteur: Lathyrus odoratus L.

Famille des Légumineuses.

⌂ *Pl. 73. Erythrine Crète de Coq.* Erythrina Crista galli L.

Famille des Légumineuses.

⌂ *Pl. 74. Sensitive.* Mimosa pudica L.

Famille des Légumineuses.

Pl.75. *Filipendule.* Spiræa Filipendula L.

Famille des Rosacées.

Pl. 76. Rosier rugueux. Rosa rugosa Thunb.

Famille des Rosacées.

Pl. 77.

Rose Gloire de Dijon (Thé). Rosa indica Lindl.,var.

Famille des Rosacées.

Pl. 78. Rose Safrano (Thé). **Rosa indica** Lindl., var.

Famille des Rosacées.

Pl. 79. Rose La France (Hybride de Thé).

Famille des Rosacées.

Pl. 80. Rose Souvenir de la Malmaison (Bourbon).

Rosa indica Lindl.

Famille des Rosacées.

Pl. 81. Rose Pompon de Bourgogne.
Rosa gallica L.,var. centifolia.

Famille des Rosacées.

Pl. 82. Rosier multiflore. Rosa multiflora Thunb.

Famille des Rosacées.

Pl. 83. Rose Bengale Cramoisi supérieur.
Rosa semperflorens Curtis.

Famille des Rosacées.

Pl. 84. Rose Capucine. Rosa lutea Miller, var. punicea.

Famille des Rosacées.

Pl. 85. Rose William Allen Richardson.
(Noisette).

Famille des Rosacées.

Pl. 86.
Rose mousseuse commune.(Centfeuille Mousseuse).
Rosa gallica L.,var.centifolia muscosa.
Famille des Rosacées.

Pl. 87. Rose Baronne de Rothschild (Hybride remontant)

Famille des Rosacées.

Pl. 88.

Rose Général Jacqueminot (Hybride Remontant).

Famille des Rosacées.

Pl. 89.

Potentille des jardins. Potentilla atrosanguinea Lodd.

Famille des Rosacées.

Pl. 90. Benoîte écarlate. Geum chiloense Balb.
Famille des Rosacées.

Pl. 91.

Saxifrage de la Chine. Saxifraga sarmentosa L.

Famille des Saxifragées.

Pl.92.

A. Désespoir des peintres. Saxifraga umbrosa L.
B. Saxifraga Huetii Boiss.

Famille des Saxifragées.

Pl. 93. Saxifrage de Sibérie. Saxifraga crassifolia L.

Famille des Saxifragées.

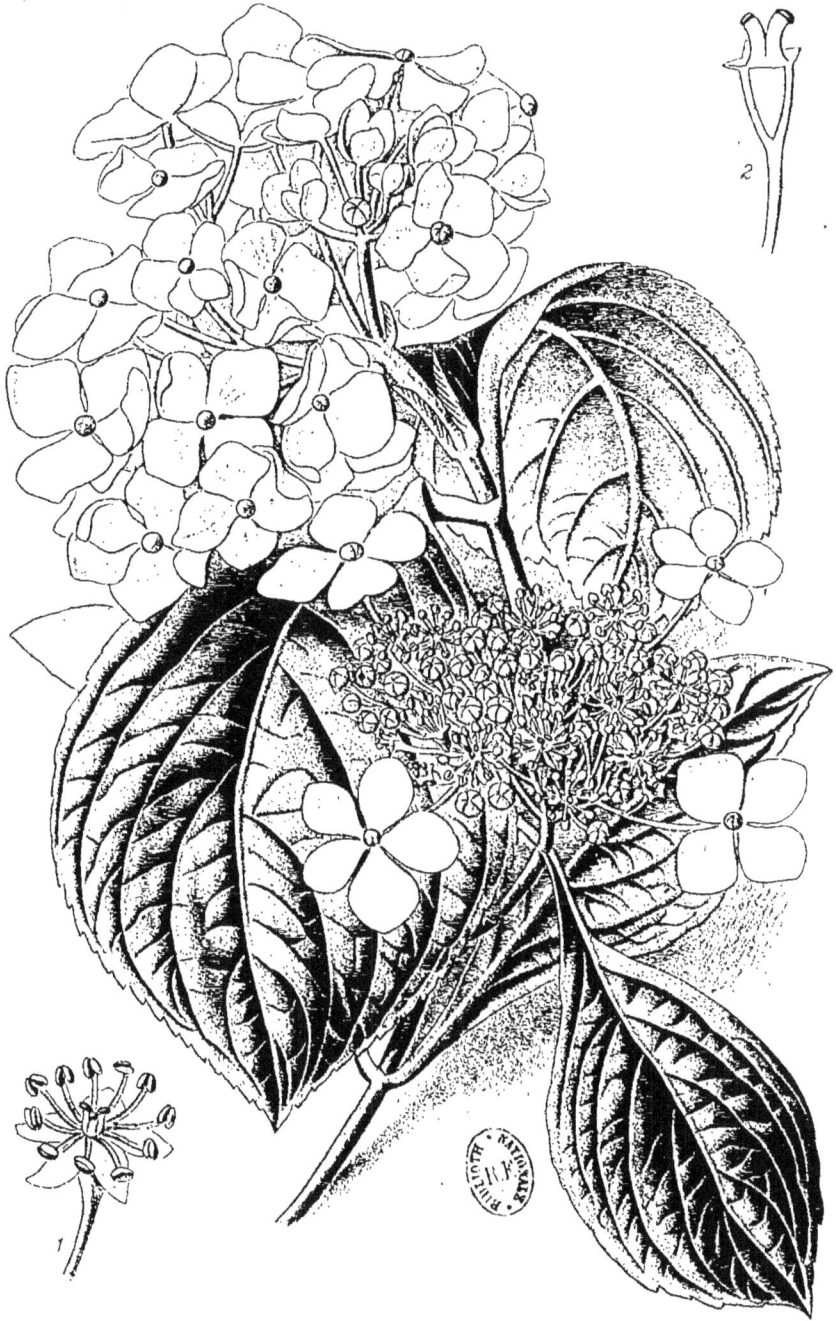

Pl. 94. Hortensia. Hydrangea Hortensia Sieb.

Famille des Saxifragées.

Pl. 98. Deutzia grêle. Deutzia gracilis Sieb. et Zucc.

Famille des Saxifragées.

Pl.96. Hotéia. Hoteia japonica Dcne.

Famille des Saxifragées.

⌂ *Pl. 97. Crassule écarlate.* Rochea coccinea DC.

Famille des Crassulacées.

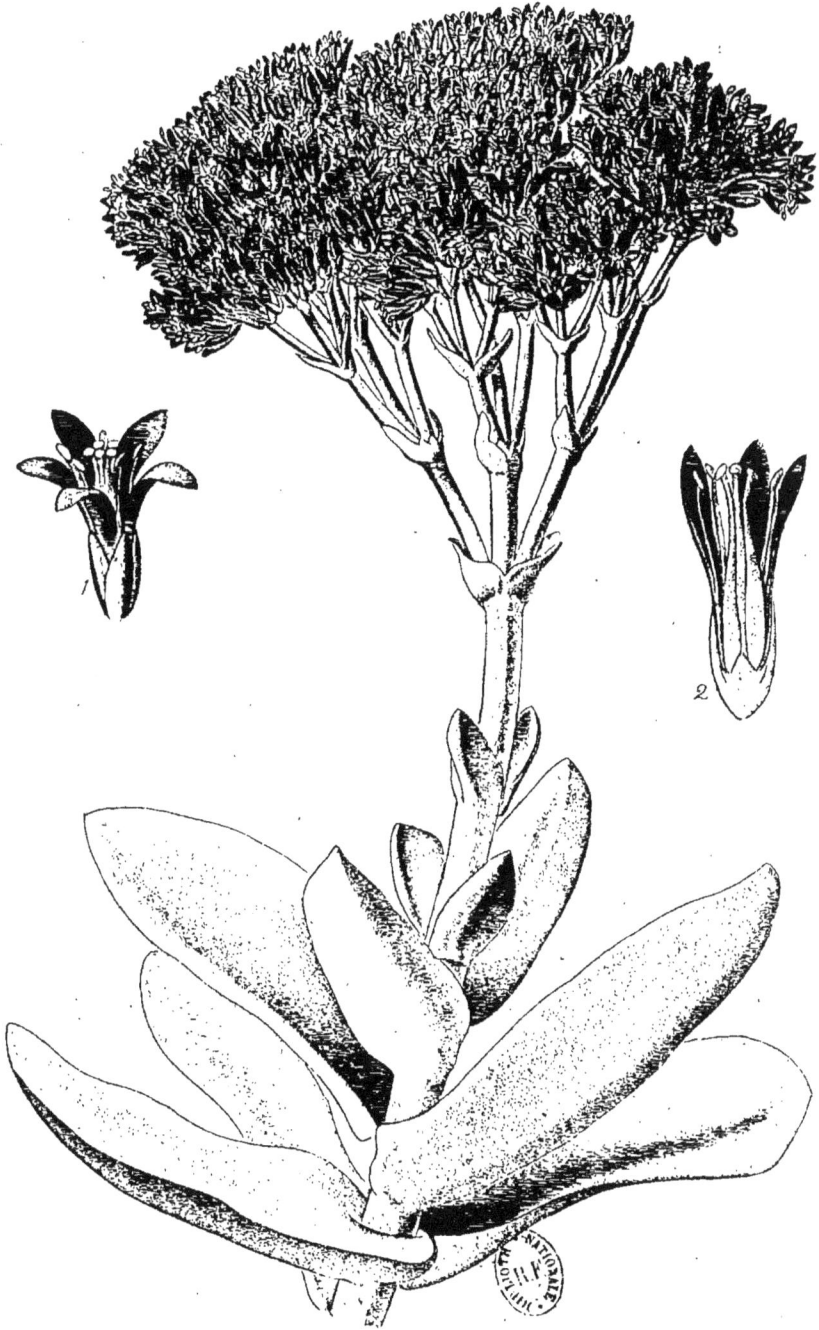

⌂ *Pl. 98. Rochéa.* Crassula falcata Willd.

Famille des Crassulacées.

⌂ *Pl. 99. Echévérie à feuilles rétuses.* Echeveria retusa Lindl.

Famille des Crassulacées.

△ *Pl. 100.* Echeveria secunda Lindl. var. ģlauca

Famille des Crassulacées.

Pl.101. Orpin brillant. Sedum fabarium Ch.Lem.

Famille des Crassulacées.

Pl. 102. A. Sedum Sieboldii Sweet.

⌂ *B.* Sedum sarmentosum Bunge.

Famille des Crassulacées.

Pl. 103.

Joubarbe toile d'araignée. Sempervivum arachnoideum L.

Famille des Crassulacées.

🏠 *Pl. 104. Myrte.* Myrtus communis L.

Famille des Myrtacées.

△ *Pl. 105. Grenadier.* Punica Granatum L.

Famille des Granatées.

△ *Pl. 106.* Cuphea platycentra Benth.

Famille des Lythrariées.

Pl. 107. *Clarkie gentille.* Clarkia pulchella Pursh.

Famille des Onagrariées.

Pl. 108. A. Enothère élégante. Œnothera speciosa Nutt.
B. Enothère à gros fruit. Œnothera macrocarpa Pursh.

Famille des Onagrariées.

Pl. 109. Godétie Lady Albemarle.

Œnothera (Godetia) amœna Lehm., var.

Famille des Onagrariées.

Pl. 110.

A. Fuchsia à fleurs globuleuses. Fuchsia globosa Lindl.

B. Fuchsia grêle. Fuchsia gracilis Lindl.

Famille des Onagrariées.

1

△ *Pl. 111.* Fuchsia fulgens Moç. et Sessé.

Famille des Onagrariées.

⌂ *Pl. 112* . Gaura Lindheimeri Engelm. et Gray.

Famille des Onagrariées.

Pl. 113. Loasa à fleurs rouge brique. Loasa lateritia Gill et Hook.

Famille des Loasées.

Pl. 114. Mentzelia Lindleyi Torr et Gr.

Famille des Loasées.

Pl. 115. Fleur.de la Passion. Passiflora cœrulea L.

Famille des Passiflorées.

⌂ *Pl. 116. Bégonia Roi.* Begonia Rex J. Ptz.

Famille des Bégoniacées.

☐ Pl. 117. Bégonia à fleurs de Fuchsia.
Begonia fuchsioïdes_Hook.
Famille des Bégoniacées.

Pl.118. Bégonia toujours en fleurs, variété.

Begonia semperflorens Link et Otto, var.

Famille des Bégoniacées.

⌂ *Pl. 119. Bégonia tuberculeux.*(Hybride horticole.)

Famille des Bégoniacées.

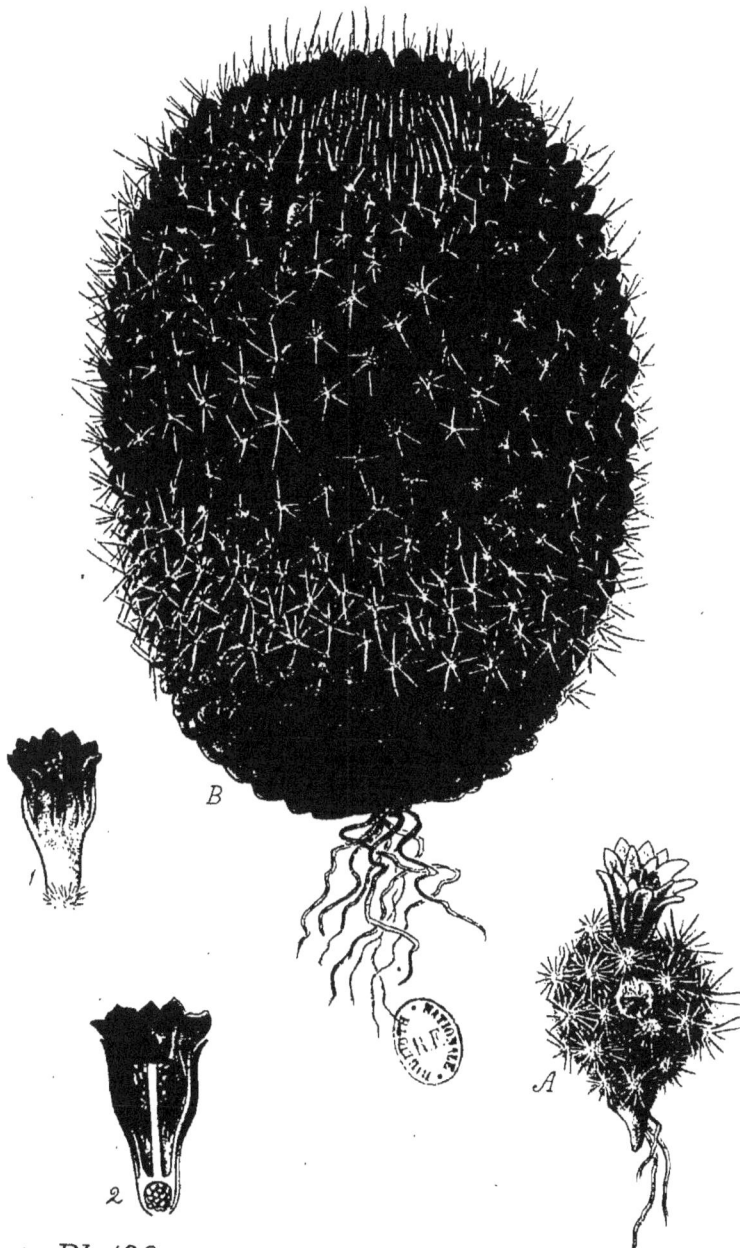

⌂ *Pl. 120.*

A. Mamillaria pusilla Sweet.

B. Mamillaria rhodantha Link. et Otto.

Famille des Cactées.

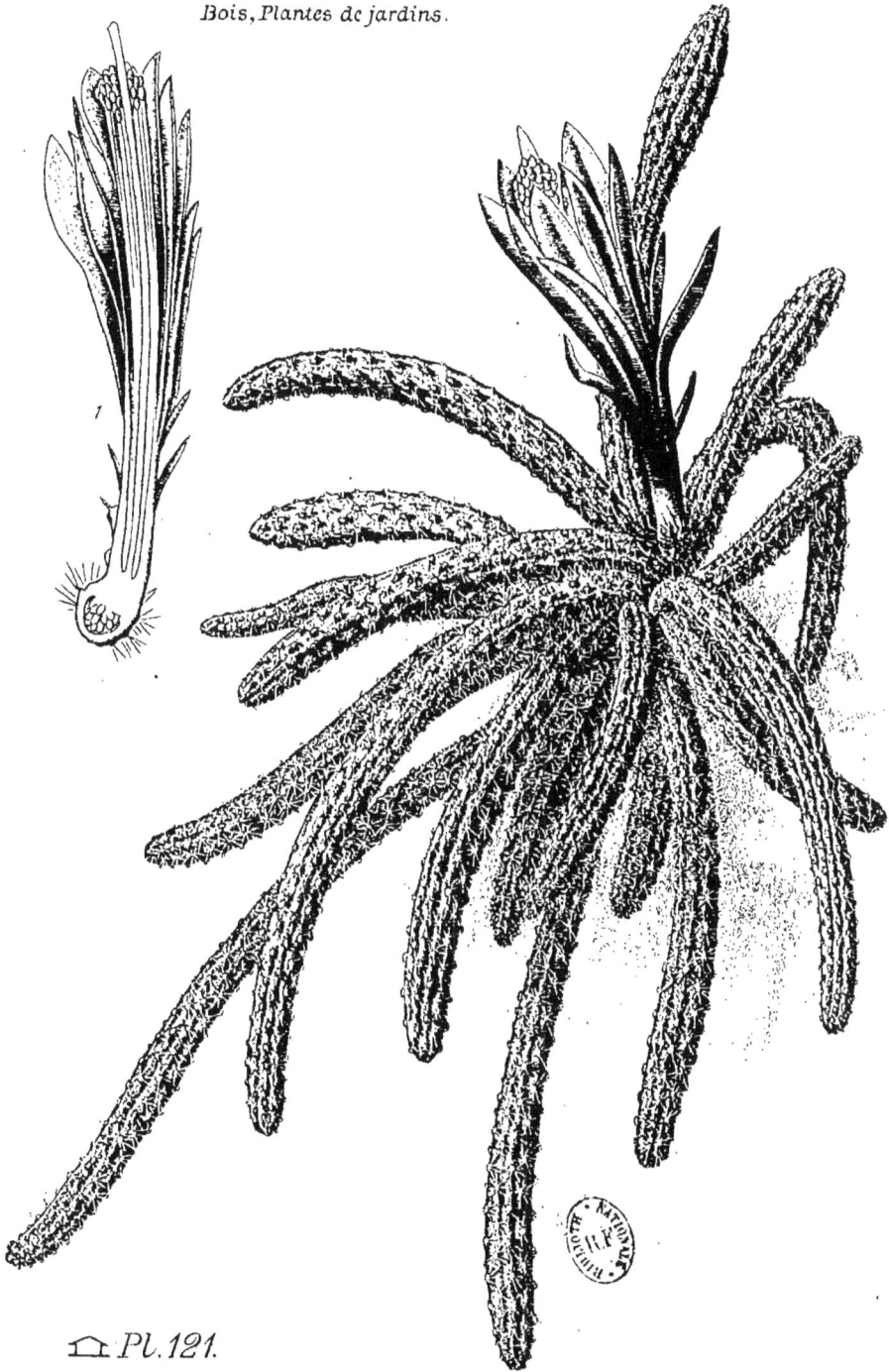

1

🔺 *Pl. 121.*

Cierge flagelliforme. Cereus flagelliformis Haw.

Famille des Cactées.

△ *Pl. 122. Phyllocacte phyllanthoïde.*

Phyllocactus phyllanthoides DC.

Famille des Cactées.

△ *Pl. 123. Epiphyllum à feuilles tronquées.*
Epiphyllum truncatum Pfeiff.

Famille des Cactées.

Pl. 124. Raquette. Opuntia vulgaris Mill.

Famille des Cactées.

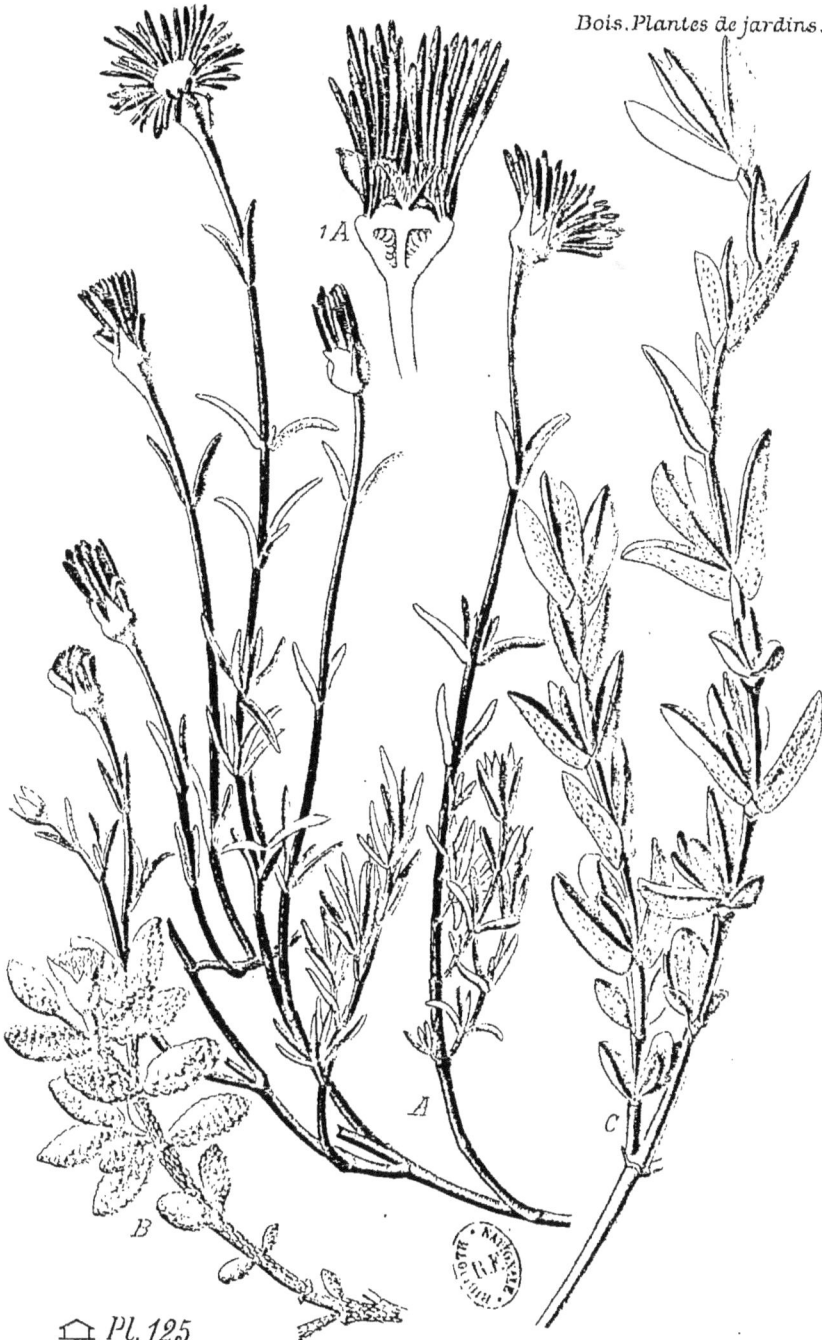

☖ *Pl. 125*

A. *Ficoïde violette* Mesembryanthemum violaceum DC.

B. *Ficoïde hérissée de petites pointes* M. echinulatum Lamk.

C. *Ficoïde à feuilles en forme de nacelle.* M. cymbifolium Haw.

Famille des Mésembryanthémées

Aralia du Japon. Fatsia japonica Dcne et Planch.

Famille des Araliacées.

⌂ *Pl. 127.* Bouvardia longiflora H.B.K.

Famille des Rubiacées.

Pl. 128.

A. *Aspérule à fleurs bleues.* Asperula orientalis Boiss et Hoh.
B. *Croisette à long style.* Phuopsis (Crucianella) stylosa Boiss.

Famille des Rubiacées.

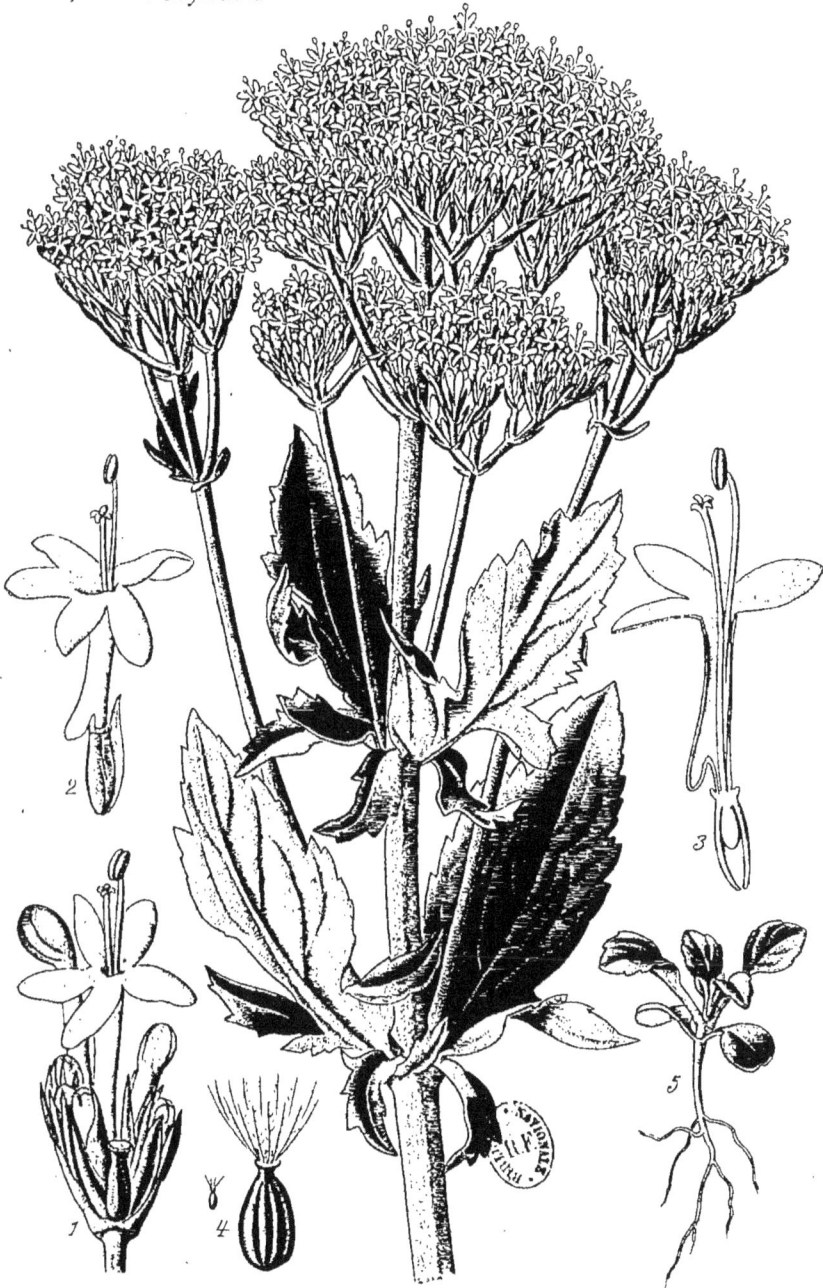

Pl. 129. Valériane à grosses tiges.

Centranthus macrosiphon Boiss.

Famille des Valérianées.

Pl. 130. Scabieuse vivace. Scabiosa caucasia M. Bieb.

Famille des Dipsacées.

⌂ *Pl. 131. Agérate bleu.* Ageratum cœruleum Desf.

Famille des Composées.

Pl. 132. *Verge d'or du Canada.* Solidago canadensis L.

Famille des Composées.

Pl. 133. Brachycome à feuilles d'Ibéris.

Brachycome iberidifolia Benth.

Famille des Composées.

Pl. 134.   *A.* Aster Amellus L.
B. Aster Novæ-angliæ L. *C.* Aster Novæ-angliæ L. var. roseus.

Famille des Composées.

Pl. 135. A. Aster versicolor Willd.
B. Aster formosissimus Hort.

Famille des Composées.

Pl. 136. A. Aster multiflorus Ait.
B. Aster turbinellus Lindl.

Famille des Composées.

Pl. 137. Reine-Marguerite. Callistephus sinensis Nées.

Famille des Composées.

Pl. 138. Pâquerette. Bellis perennis L.

Famille des Composées.

Pl. 139. Erigeron élégant. Erigeron speciosum DC.

Famille des Composées.

Pl.140.

Rhodanthe de Mangles. Rhodanthe Manglesii Lindl.

Famille des Composées.

Pl. 141. *Immortelle rose.* Acroclinium roseum Hook.

Famille des Composées.

Pl. 142.

Immortelle à bractées. Helichrysum bracteatum Willd.

Famille des Composées.

Pl. 143. *Zinnia élégant*. Zinnia elegans Jacq.

Famille des Composées.

Pl. 144.

Soleil à feuilles argentées. Helianthus argophyllus A-Gray.

Famille des Composées.

Pl. 145. Coréopsis élégant. Coreopsis tinctoria Nutt.

Famille des Composées.

⌂ *Pl. 146. Dahlia.* Dahlia variabilis Desf.

Variétés à fleurs (capitules) simples.

Famille des Composées.

Pl. 147. Cosmos bipinné. Cosmos bipinnatus Cav.

Famille des Composées.

Pl.148. A. Œillet d'Inde. Taǵetes patula L.
B. Taǵète mouchetée. Taǵetes siǵnata Bartl.

Famille des Composées.

Pl. 149. Rose d'Inde. Tagetes erecta L.

Famille des Composées.

Pl. 150. Gaillarde peinte. Gaillardia picta Sweet.

Famille des Composées.

Pl. 151. Chrysanthème tricolore.

Chrysanthemum **carinatum** Schousb.

Famille des Composées.

Chrysanthème frutescent. Chrysanthemum frutescens L.

A. *(Fleur blanche) variété Comtesse de Chambord.*

B. *(Fleur jaune) variété Etoile d'or.*

Famille des Composées.

Pl. 153. Pyrèthre rose. Pyrethrum carneum Bieb.

Famille des Composées.

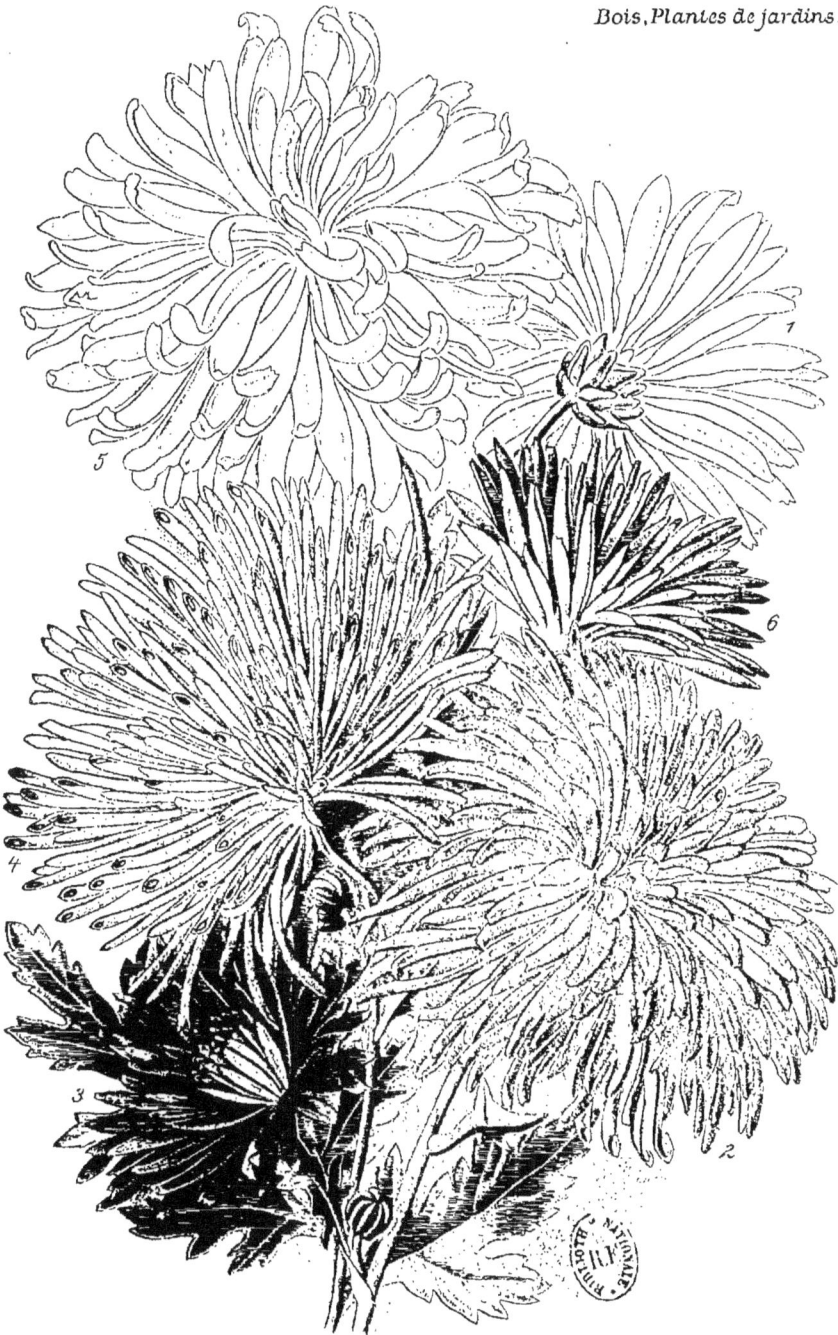

Pl. 154.

Pyrethrum sinense Sab., *var. Chrysanthème d'automne,*
variétés: 1 *Elaine,* 2 *Source d'Or,* 3 *The Cossack,* 4 *Gloire rayonnante,*
5 *Grand Napoléon,* 6 *Alexandre Dufour.*

Pl. 155.

Pyrethrum sinense Sab. *var. Chrysanthème d'automne,*
variétés: 7 *Royal aquarium,* 8 *Fulgore,* 9 *Malgaka,* 10 *Frémy,*
11 *Deuil de Thiers,* 12 *Samson.*

Pl. 156.

Pyrethrum sinense Sab., *var. Chrysanthème d'automne*
Mont d'Or.

1

2

Pl. 157. *Doronic du Caucase.* Doronicum caucasicum Bieb.

Famille des Composées.

2

1

3

4

A

🔼 Pl. 158. Cinéraire. Senecio cruentus DC.

Famille des Composées.

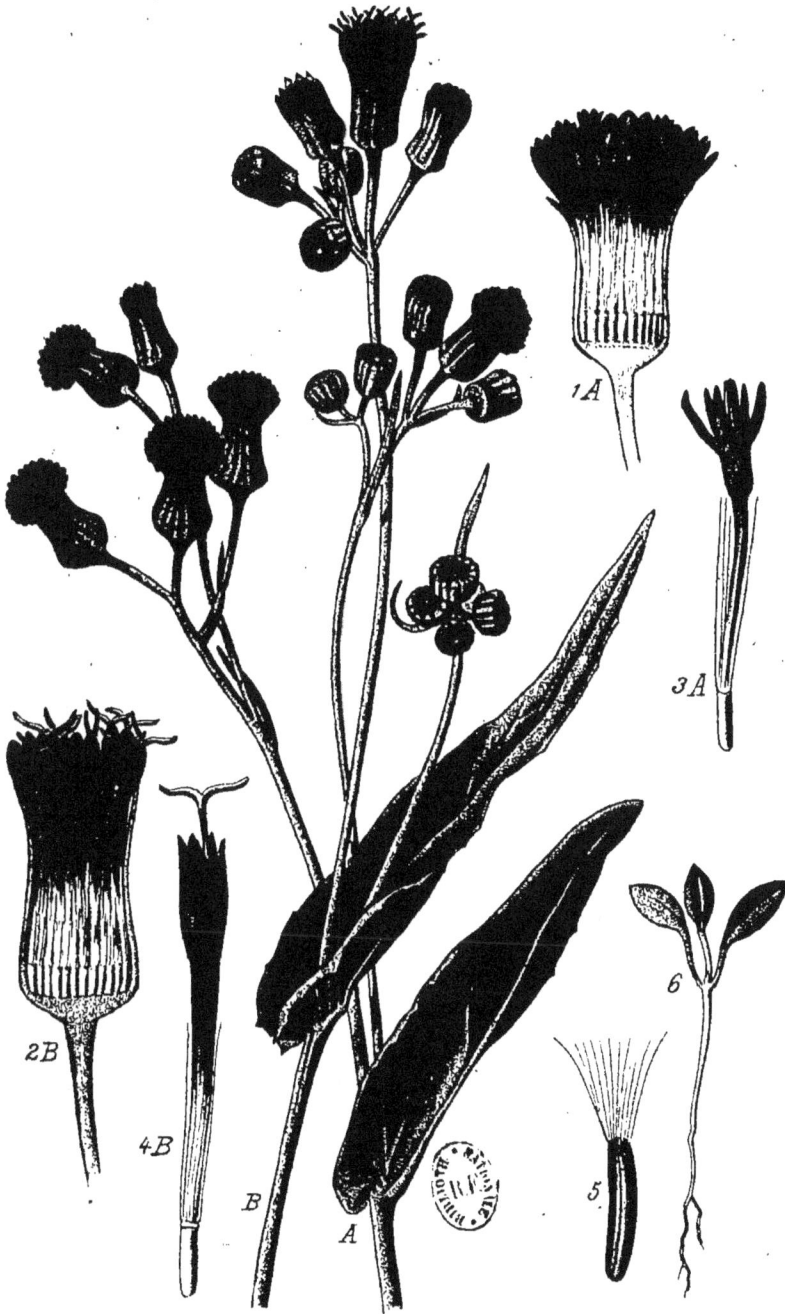

Pl. 159. Cacalie écarlate. Emilia sagittata DC.

Famille des Composées.

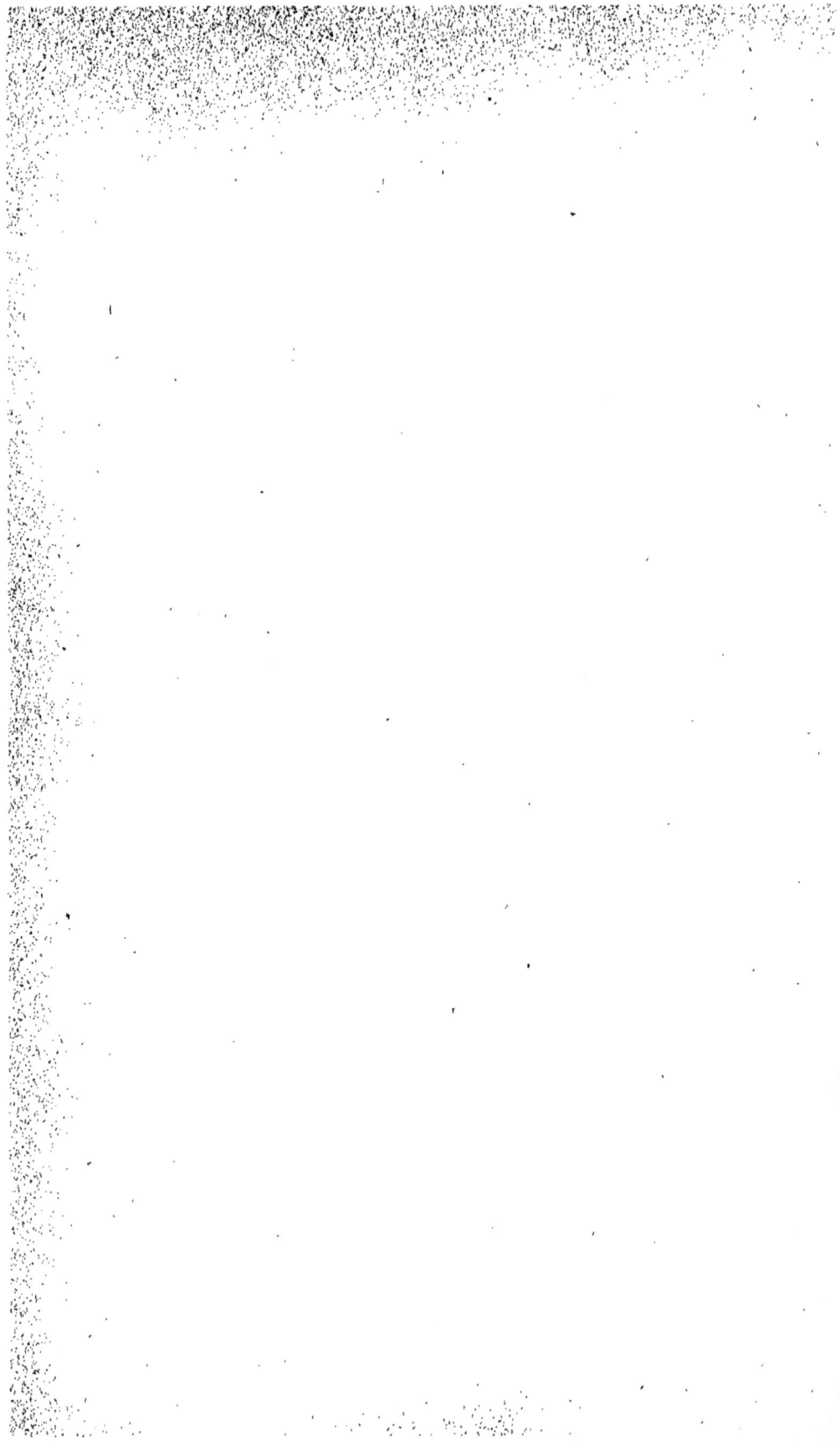